Descobrindo Matemática na ARTE

F162d Fainguelernt, Estela Kaufman.
Descobrindo matemática na arte : atividades para o ensino fundamental e médio / Estela Kaufman Fainguelernt, Katia Regina Ashton Nunes. – Porto Alegre : Artmed, 2011.
80 p. : color ; 25 x 17,5 cm.

ISBN 978-85-363-2463-0

1. Matemática – Arte para crianças. 2. Nunes, Katia Regina Asthon. I. Título.

CDU 51:7-053.2

Catalogação na publicação: Ana Paula M. Magnus – CRB 10/2052

Descobrindo Matemática na ARTE

Atividades para o ensino fundamental e médio

Estela Kaufman Fainguelernt
Katia Regina Ashton Nunes

2011

© Artmed Editora S.A., 2011

Capa: Ângela Fayet – Iluminura Design
Preparação de original: Josiane Tibursky
Leitura final: Rafael Padilha Ferreira
Editora sênior – Ciências Humanas: Mônica Ballejo Canto
Editora responsável por esta obra: Carla Rosa Araujo
Projeto gráfico e editoração eletrônica: TIPOS design editorial

Reservados todos os direitos de publicação, em língua portuguesa, à
ARTMED® EDITORA S.A.
Av. Jerônimo de Ornelas, 670 – Santana
90040-340 – Porto Alegre RS
Fone (51) 3027-7000 Fax (51) 3027-7070

É proibida a duplicação ou reprodução deste volume, no todo ou em parte,
sob quaisquer formas ou por quaisquer meios (eletrônico, mecânico, gravação,
fotocópia, distribuição na Web e outros), sem permissão expressa da Editora.

SÃO PAULO
Av. Embaixador Macedo Soares, 10.735 – Pavilhão 5 – Cond. Espace Center
Vila Anastácio – 05095-035 – São Paulo SP
Fone (11) 3665-1100 Fax (11) 3667-1333

SAC 0800 703-3444

IMPRESSO NO BRASIL
PRINTED IN BRAZIL

AUTORAS

Estela Kaufman Fainguelernt

Doutora em Engenharia de Sistemas na área de Tecnologia e Sociedade. Vice-coordenadora, Professora e Pesquisadora do Mestrado Profissional em Educação Matemática da Universidade Severino Sombra Vassouras-RJ. Autora de artigos em Educação Matemática. Autora dos livros *Fazendo arte com a matemática, Tecendo matemática com arte* e *Educação Matemática: Representação e Construção em Geometria*, da editora Artmed. Autora dos livros Relação e Função,*Matrizes e Determinante : Sistemas Lineares e A Linguagem Coloquial no Ensino da Matemática,* entre outros da editora Ciência Moderna. Professora pesquisadora da UNIFESO, Teresópolis-RJ. Consultora do projeto Matemática e Arte da prefeitura de Niterói-RJ.

E-mail: estelakf@globo.com

Katia Regina Ashton Nunes

Pós-graduada em Matemática. Mestre em Educação Matemática. Coordenadora de Matemática da Educação Infantil ao Ensino Médio da Associação Educacional Miraflores, Niterói-RJ. Professora aposentada da Rede Estadual de Ensino do RJ. Autora dos livros *Fazendo arte com a matemática* e *Tecendo matemática com arte*, ambos da editora Artmed. Autora de artigos em Educação Matemática. Consultora da área de matemática da Multirio, empresa municipal de multimeios e da série de TV *Adoro problemas!*. Consultora do projeto Matemática e Arte da prefeitura de Niterói-RJ.

E-mail: katiaanunes@hotmail.com

Dedico este livro aos meus filhos,
noras e netos, motivo de minha inspiração.
Estela

Dedico este livro aos meus pais,
ao meu marido e ao meu filho, Guilherme.
Katia

SUMÁRIO

Introdução   11

1 Luiz Sacilotto   13

2 Alfredo Volpi   32

3 Geraldo de Barros   41

4 Abraham Palatnik   51

5 Aluísio Carvão   61

6 Nelson Leirner   69

Referências   78

INTRODUÇÃO

"A função da arte não é a de passar por portas abertas, mas a de abrir portas fechadas."
Ernst Fischer, 1959

O trabalho com matemática e arte tem sido foco de nossos estudos desde 1995 nos diferentes níveis de ensino, da educação infantil ao ensino superior. Em 2005, lançamos o livro *Fazendo arte com a matemática*, e em 2006 começamos a orientar um grupo de estudos sobre Matemática e Arte na Universidade Federal Fluminense, em Niterói, Rio de Janeiro. Em 2009, lançamos nosso segundo livro, denominado *Tecendo matemática com arte*. Durante esse período, desenvolvemos diversos projetos com artistas plásticos de destaque mundial, dentre eles Escher, Picasso, Dali, Max Bill, Mondrian, Kandinsky, Volpi, Miró, Tarsila do Amaral, Portinari, Lygia Clark, Sacilotto, Leonardo da Vinci, Geraldo de Barros, Abraham Palatnik, Milton Dacosta, Amilcar de Castro, Aluísio Carvão e Klimt.

Nossa intenção com essa proposta de integração é transformar o espaço da sala de aula de matemática, conferindo a ele uma dimensão mais dinâmica e prazerosa. Fazendo do professor um mediador entre o conhecimento matemático e o aluno, criamos as condições para que este aluno possa construir o seu próprio conhecimento.

Nesta pesquisa nos apoiamos nas ideias da artista mineira Lygia Clark, que se deslocou da posição de artista para a de propositora, rompendo assim com a ideia de que a arte deve ser apenas observada. Lygia Clark criou objetos de arte que estimulavam a participação ativa do público e sua interação com a obra, transformando o espectador em coautor de suas criações. Em suas obras, interatividade e participação são palavras-chave. E são justamente essas palavras que devem ser as tônicas em toda sala de aula.

Ao trazermos a arte para a nossa sala de aula de matemática, foi possível transformar esse ambiente em um espaço de criação, de diálogo, de construção de conhecimentos, de reflexão e de descobertas. Um espaço onde a sensibilidade, a intuição, a percepção, a criação e a imaginação se fizeram presentes.

A arte ainda permitiu a discussão de temas sociais que afligem a sociedade do nosso país e do mundo, e tornou-se elemento disparador na construção dos conceitos geométricos.

Neste livro, trabalharemos com atividades que desenvolverão muitos conteúdos da área de matemática presentes em obras de seis grandes artistas brasileiros: Luiz Sacilotto, Alfredo Volpi, Geraldo de Barros, Abraham Palatnik, Aluísio Carvão e Nelson Leirner, além de fazer referência a obras de outros artistas.

Convidamos vocês, alunos e professores do ensino fundamental e do ensino médio, para vivenciarem conosco esses projetos, descobrindo assim como é gostoso trabalhar matemática com arte.

> "Nos tornamos algo mais porque estamos aprendendo, estamos conhecendo, porque mais do que observar, estamos mudando."
> Paulo Freire, 1986

Para conhecer um pouco mais sobre o nosso trabalho e sobre essas duas fascinantes áreas do conhecimento, acesse www.matematicaearte.com.br

E uma ótima aventura pelos caminhos da matemática e da arte!

1

LUIZ SACILOTTO

O artista plástico Luiz Sacilotto nasceu em Santo André, São Paulo, em 1924.

Sacilotto participou do Movimento Concretista Brasileiro, movimento cujas obras não se baseavam em modelos naturais ou na representação de figuras humanas ou objetos; as obras tinham como tema as formas geométricas e as cores, empregadas como elementos visuais.

Sacilotto, a partir de 1954, começou a dar às suas obras o título de *Concreção* e numerá-las conforme o ano e a sequência de execução.

Esse importante artista foi pioneiro no âmbito da tridimensionalidade. Ele também foi um dos precursores da *Op Art* no Brasil, uma pintura que explora fenômenos ópticos. O termo *op art* é uma abreviação da expressão em inglês *optical art* e significa "arte óptica" – uma forma de arte que explora determinados fenômenos ópticos com a finalidade de criar obras que pareçam vibrar. Contudo, diferentemente da arte cinética, a obra efetivamente não se movimenta. Na *op art*, as figuras são colocadas de maneira a causar no observador uma sensação de movimento e por vezes parecem inchar ou deformar-se.

Quem vê algumas de suas obras tem a impressão de que elas se movimentam sozinhas, dado o rigor matemático da composição que cria ilusões de óptica.

Sacilotto, que deixou um conjunto significativo de obras, faleceu em 2003, no ABC paulista.

Iremos explorar agora obras de Luiz Sacilotto, mas, antes, que tal você fazer uma pesquisa mais detalhada sobre a vida e a obra desse grande artista brasileiro?

ATIVIDADES

1 Na obra a seguir, podemos identificar a representação de prismas triangulares no espaço a duas dimensões. Observe o quadro e descreva o que é um prisma triangular.

Nesta obra, Sacilotto explora fenômenos ópticos.

Concreção 9526
Têmpera acrílica sobre tela, 50×70 cm, 1995.

Pesquise sobre o movimento *Op Art* e seus artistas, em especial o pintor húngaro Victor Vasarely (1908-1997), e depois crie uma obra *Op Art*.

2 Observe três esculturas criadas por Sacilotto.

Concreção 5816 ▲
Escultura em latão polido,
45×45×45 cm, 1958.

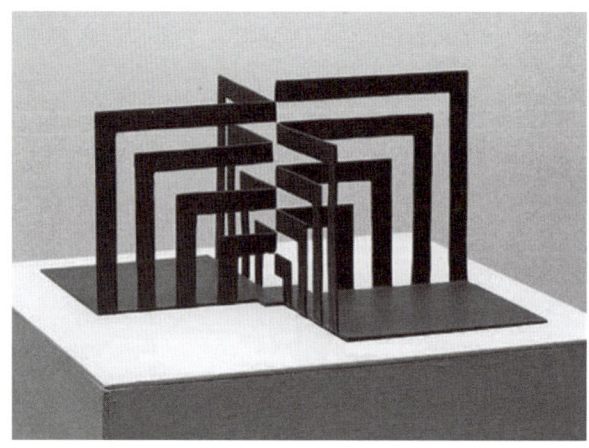

Concreção 5942 ▲
Escultura em alumínio pintado,
30×30×17 cm, 1959.

Concreção 5730 ▲
Alumínio,
50×50×35 cm, 1957.

Essas esculturas foram construídas a partir de uma figura geométrica plana que, com cortes e dobras, se transformou em formas tridimensionais.

Que tal você construir, com recortes e dobraduras de papel, as esculturas apresentadas? Durante a construção, registre os conteúdos matemáticos que você utilizou para construí-las.

Agora crie a sua própria escultura, utilizando a técnica empregada por Sacilotto. Não esqueça de registrar os conteúdos matemáticos que podem ser explorados a partir da sua obra e de dar um título a ela.

3 Na obra *Concreção 5816*, Sacilotto parte de um círculo. Qual o diâmetro desse círculo? E qual o raio?

Qual a área do círculo que deu origem à escultura? E qual o comprimento de sua circunferência?

4 Na obra *Concreção 5730*, Sacilotto parte de um quadrado de alumínio e realiza cortes. Qual o perímetro do quadrado que deu origem à escultura? E qual a área?

Qual a medida da diagonal desse quadrado?

5 Note que, durante a confecção da escultura, Sacilotto recorta e dobra dois trapézios retângulos congruentes. Descreva com suas palavras o que é um trapézio retângulo. Identifique a medida da altura de cada um dos trapézios. Determine as medidas de cada um de seus ângulos.

6 Descreva o que você observa na escultura *Concreção 5942* e depois determine o perímetro e a área do quadrado que deu origem a essa obra.

Agora, determine também a medida da diagonal desse quadrado.

7 Outro artista que construía esculturas com recortes e dobras foi o mineiro Amilcar de Castro (1920-2002). Durante sua trajetória artística, Amilcar concentrou-se em uma questão que se tornou a inspiração de toda a sua obra: a redescoberta da tridimensionalidade pela simples dobra da superfície bidimensional. Ele criou peças com chapas de ferro deixadas em estado bruto sem revestimento ou dobradiças.

Pesquise em livros e na internet sobre a vida e a obra desse grande escultor brasileiro que tem muitas de suas peças espalhadas por praças e jardins de várias cidades brasileiras.

Escolha uma delas e tente recriá-la utilizando papel paraná ou outro material que achar adequado. Agora tente descrever algumas semelhanças e diferenças entre as obras de Amilcar e Sacilotto. Mãos à obra!

8 Observe uma outra obra de Sacilotto.

Concreção 5629
Esmalte sintético sobre alumínio, 60×80 cm, 1956.

Considerando as medidas reais do quadro, calcule o perímetro e a área deste.

9 Considere o pequeno triângulo equilátero preto (padrão) do quadro como unidade de medida de área (u.a.) e o lado desse mesmo triângulo como unidade de medida de comprimento (u.c.). Note que os triângulos claros são congruentes aos triângulos pretos.

Identifique no quadro de Sacilotto:

a) dois triângulos congruentes;
b) dois triângulos semelhantes (justifique sua resposta);
c) duas figuras equivalentes;
d) um hexágono de área igual a 6 u.a.;
e) um trapézio;
f) um outro trapézio semelhante ao anterior (justifique sua resposta);
g) um triângulo de área 64 u.a.;
h) um paralelogramo de área 6 u.a.;
i) um paralelogramo que não seja losango;
j) um losango de perímetro igual a 8 u.c.;
k) um losango de área igual a 8 u.a.;
l) duas figuras de mesmo perímetro.

10 Responda:

a) Quanto mede cada um dos ângulos internos do trapézio que você identificou na atividade anterior?
b) Quanto mede cada um dos ângulos internos do paralelogramo que você identificou no item **h** da atividade anterior?
c) Qual o perímetro do hexágono que você identificou na atividade anterior?
d) Esse hexágono é regular?
e) Qual a área do losango que você identificou no item **j** da atividade anterior?
f) Qual o perímetro do triângulo que você identificou no item **g** da atividade anterior?

11 Destaque do quadro de Sacilotto um triângulo de área 9 u.a. e reproduza-o em uma malha triangular. Classifique esse triângulo quanto à medida de seus lados e quanto à medida de seus ângulos. Trace os eixos de simetria desse triângulo.

12 Identifique o incentro A do triângulo que você construiu na atividade anterior. O ponto A é também o ortocentro do triângulo?

13 O ponto A também é o baricentro desse triângulo?

14 Leve cada vértice do triângulo ao ponto A. Obtemos assim um hexágono regular. Qual a área e a medida de cada ângulo interno desse hexágono?

15 No quadro podem ser identificados diversos triângulos semelhantes. Dentre eles, destacamos os seguintes triângulos (ver **Figuras 1** e **2**).

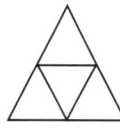

Figura 1

Figura 2

Utilizando essas figuras, responda as seguintes questões:

a) Qual a razão de semelhança entre as duas figuras?
b) Qual a razão entre os perímetros dos dois triângulos (**Figuras 1** e **2**)?
c) Qual a relação entre a razão de semelhança encontrada no item **a** e a razão entre os perímetros calculada no item **b**?
d) Qual a razão entre as áreas dos dois triângulos (**Figuras 1** e **2**)?
e) Qual a relação entre a razão de semelhança encontrada no item **a** e a razão entre as áreas calculada no item **d**?
f) Qual a área da **Figura 2** considerando como unidade de medida de área a **Figura 1**?
g) Quantos triângulos equiláteros podemos identificar na **Figura 1**?
h) Quantos eixos de simetria tem a **Figura 1**?

16 Reproduza quatro vezes em papel quadriculado a **Figura 2**. Agora pinte, de quatro maneiras diferentes, metade dessa figura.

17 Refaça a atividade anterior pintando agora, de quatro maneiras diferentes, três oitavos da **Figura 2**.

18 Dobre a **Figura 2** de modo a obter um tetraedro. Quantos vértices, arestas e faces tem o tetraedro? Determine a área da base, a área total e o volume desse tetraedro (unidades consideradas, ver **Atividade 9**).

19 Retire do quadro duas planificações diferentes do tetraedro.

20 Construa um tronco de uma pirâmide dobrando a **Figura 2** da **Atividade 15**.

21 De que modo devemos cortar uma pirâmide quadrangular regular, por um plano, de modo a obter na seção os polígonos:

- um quadrado
- um triângulo
- um paralelogramo

22 Destaque do quadro de Sacilotto uma planificação do octaedro regular. Quantos vértices, arestas e faces tem o octaedro regular? Construa esse poliedro utilizando linha, canudinho de refrigerante e papel colorido.

23 Destaque do quadro de Sacilotto uma planificação do icosaedro regular. Quantas faces tem o icosaedro regular?

24 No quadro de Sacilotto, conseguimos identificar três dos cinco poliedros de Platão. Quais são os outros dois? Por que esses cinco poliedros são denominados poliedros de Platão? O que caracteriza um poliedro de Platão?

25 Que tal você pesquisar na internet a obra *Estrelas* do grande artista holandês Maurits Cornelis Escher (1898-1972), pintada em 1948? Nessa xilogravura, sólidos geométricos pairam no espaço, como estrelas. Nela figuram todos os cinco poliedros platônicos. Quantas e quais são as faces do dodecaedro, um dos poliedros que figuram na obra? Desenhe uma das planificações desse poliedro.

Escher realizou, além do quadro aqui mencionado, outros trabalhos usando esses poliedros. Pesquise outras obras em que os poliedros foram utilizados por Escher.

26 Desenhe a próxima figura da sequência e resolva as questões a seguir:

  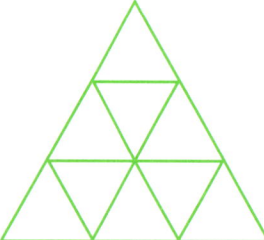

Figura 1 Figura 2 Figura 3

a) Considerando a **Figura 1** como unidade de área, qual a área da **Figura 9** dessa sequência? E a área da **Figura 25**?
b) Qual a expressão que indica a área da figura em função da posição que a figura ocupa na sequência?

c) Qual a posição da figura com área igual a 196 u.a.?
d) Considerando o lado da **Figura 1** como unidade de comprimento, qual o perímetro da **Figura 2**? E da **Figura 3**?
e) Qual a expressão que indica o perímetro de uma figura em função da posição que ocupa na sequência?
f) Qual o perímetro da **Figura 12**? E da **Figura 20**?
g) Qual a posição da figura que tem perímetro igual a 111 u.c.?

27 No Brasil, o Concretismo penetrou não só a pintura e a escultura como também a poesia e a arquitetura.

Os poetas concretos pregam uma concepção baseada na geometrização e na visualização da linguagem. O significado e a disposição das palavras no poema geram comunicação imediata, visual e concreta com o leitor.

Pesquise artistas plásticos e poetas que participaram desse movimento. Agora, construa um poema concreto. Mãos à obra!

28 Observe outra obra de Sacilotto pintada em 1986.

◀ *Concreção 8601*
Têmpera vinílica sobre tela, 90×90 cm.

Identifique as figuras geométricas que compõem essa obra.

Qual o perímetro e a área desse quadro? E quantos eixos de simetria tem o quadro?

29 Reproduza esse quadro em papel quadriculado (quadrado de 1 cm de lado), reduzindo-o na razão 5:1.

30 Partindo de um quadrado de 15 cm de lado e utilizando somente dobraduras, reproduza o quadro de Sacilotto.

31 Destaque do quadro o seguinte triângulo.

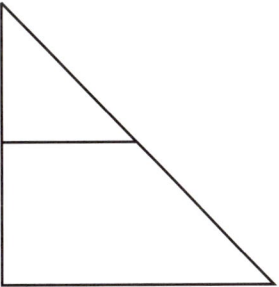

Classifique-o quanto à medida dos lados e à medida de seus ângulos. Determine o perímetro e a área desse triângulo.

32 Destaque do quadro um trapézio isósceles. Agora responda:

a) Qual a medida dos ângulos internos desse polígono?
b) Determine a área e o perímetro desse trapézio.

33 Destaque do quadro a figura.

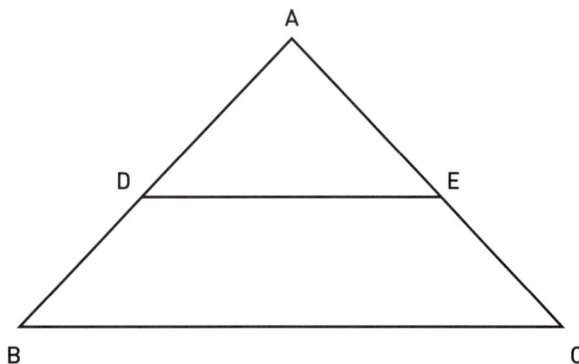

Classifique o triângulo ABC quanto à medida dos lados e dos ângulos.

Agora responda:

a) Os triângulos ADE e ABC são semelhantes? Justifique.

34 Destaque do quadro a figura:

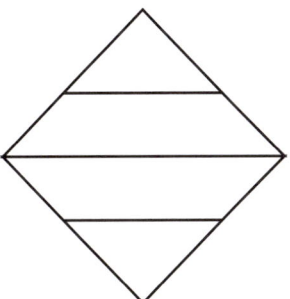

Essa figura é um quadrado. Nela está traçada uma das diagonais. Qual a medida dessa diagonal? Qual a medida do lado desse quadrado?

35 Qual o perímetro e a área do quadrado da atividade anterior? E qual a razão entre a área desse quadrado e a área do quadro?

36 Destaque o hexágono formado pelos dois trapézios isósceles que figuram no quadro. Agora responda:

    a) Esse hexágono é regular?
    b) Qual a medida dos ângulos internos desse hexágono?

37 Qual o perímetro e a área do hexágono da atividade anterior? Quantas diagonais tem o hexágono?

38 Recorte a reprodução do quadro *Concreção 8601* feita na **Atividade 30**, obtendo um quebra-cabeça formado por 12 peças.

Agora, monte:

a) com 2 peças um polígono não convexo;
b) com 3 peças um pentágono;
c) com 3 peças um retângulo;
d) com 4 peças um polígono regular;
e) com 4 peças um trapézio retângulo;
f) com 4 peças um triângulo isósceles;
g) com 6 peças um retângulo;
h) com 7 peças um hexágono;
i) com 8 peças um pentágono não regular;
j) com 10 peças um pentágono.

39 Mostre que a soma das áreas das 12 peças que compõem o quadro de Sacilotto é igual à área do quadro.

40 Reproduza o quadro *Concreção 8601* e depois pinte, de quatro maneiras diferentes, metade desse quadro.

2 ALFREDO VOLPI

Alfredo Volpi nasceu em Lucca, Itália, em 1896, e veio para o Brasil com pouco mais de um ano, fixando-se em São Paulo.

Autodidata, construía suas próprias telas e molduras, bem como suas tintas, usando a técnica de têmpera, um tipo de tinta de efeito muito bonito que misturava a pigmentos naturais coloridos, clara, gema de ovo e óleo de cravo.

Seus primeiros trabalhos eram figurativos. No fim da década de 1940, passou a intensificar em suas obras, de forma mais simplificada e geométrica, as fachadas, os casarios e as famosas bandeirinhas, distanciando-se cada vez mais da função de representação da realidade natural.

Volpi faleceu em 1988, aos 92 anos, em São Paulo.

Iremos explorar agora algumas obras de Volpi, mas, antes, que tal você fazer uma pesquisa mais detalhada sobre a vida e a obra desse grande artista e criar uma linha do tempo ilustrada de sua vida, destacando os fatos mais importantes desse período histórico?

ATIVIDADES

1 Destaque do quadro:

◀ ***Xadrez branco e vermelho***
Têmpera sobre tela,
54×100 cm, final dos anos de 1950.

a) um pentágono não regular;
b) duas figuras de mesma área e perímetros diferentes;
c) um trapézio isósceles de área igual a 4 vezes a área de um dos quadrados brancos do quadro;
d) um retângulo cujo perímetro é o dobro do perímetro de um dos quadrados brancos do quadro;
e) um triângulo retângulo de área igual a 4,5 vezes a área do quadrado branco do quadro;
f) um polígono regular.

2 Calcule a área e o perímetro do quadro.

3 Observe que bem no centro do quadro está desenhado um paralelogramo branco. Determine as medidas dos ângulos internos desse paralelogramo.

4 Considerando como unidade de área um dos quadrados brancos do quadro e como unidade de medida de comprimento o lado L desse quadrado, determine a área e o perímetro do paralelogramo da atividade anterior.

5 Considerando o lado L do quadrado branco do quadro como unidade de medida de comprimento, determine o perímetro do triângulo retângulo destacado no item **e** da **Atividade 1**.

6 Destaque do quadro um triângulo semelhante a um dos triângulos brancos do quadro.

Justifique. Qual a razão de semelhança entre esses dois triângulos?

7 Determine a área do triângulo que você destacou na atividade anterior considerando como unidade um dos quadrados brancos. Agora determine a área desse triângulo considerando como unidade um dos triângulos brancos do quadro.

8 Considerando o lado do quadrado branco do quadro igual a L, determine o perímetro do triângulo que você destacou na **Atividade 6**.

9 Observe que do quadro *Xadrez branco e vermelho* podemos obter um famoso jogo chinês que tem sido amplamente utilizado nas aulas de Matemática, o Tangram.

Você conhece esse jogo? Ele é formado por sete peças: cinco triângulos, um quadrado e um paralelogramo. Com essas peças você pode fazer muitas figuras e desafios interessantes. Mas atenção! Uma regra importante na montagem e execução das atividades com esse quebra-cabeça é que não se pode sobrepor as peças.

Retire do quadro sete peças que formam o Tangram, dois triângulos pequenos (um dos triângulos brancos do quadro), um triângulo médio (formado por dois triângulos do quadro, um branco e outro cinza), dois triângulos grandes (formados por um quadrado branco e dois triângulos cinzas), um paralelogramo e um quadrado.

Verifique que os cinco triângulos do Tangram são semelhantes.

10 Calcule a área de cada peça do Tangram utilizando para isso o triângulo pequeno como unidade de medida.

11 Calcule os lados de cada uma das peças do Tangram, considerando a área do quadrado Q do Tangam igual a 1 u.a.

12 Construa com 4 peças do Tangram um paralelogramo que seja semelhante ao paralelogramo P do Tangram. Agora responda:
    a) Qual a medida dos lados desse novo paralelogramo?
    b) Qual o perímetro desse novo paralelogramo?
    c) Qual a área desse novo paralelogramo?
    d) Qual a razão de semelhança entre esses 2 paralelogramos?
    e) Qual a razão entre os perímetros desses 2 paralelogramos?
    f) Qual a razão entre as áreas desses 2 paralelogramos?

Compare as respostas dadas nos itens **d**, **e**, **f**. Que conclusão você pode tirar?

13 Construa com 4 peças do Tangram um paralelogramo que não seja semelhante ao paralelogramo P do Tangram. Justifique.

14 Construa com 2 peças do Tangram um trapézio retângulo. Agora construa um outro trapézio semelhante a esse com 6 peças.

15 Monte com 3 peças do Tangram um retângulo. Que fração do Tangram esse retângulo representa?

16 Com 4 peças do Tangram crie uma figura qualquer e depois determine que fração do Tangram essa figura representa.

17 Reproduza o Tangram 4 vezes. Pinte de maneiras diferentes metade de cada um dos Tangram.

18 Reproduza o Tangram 3 vezes. Pinte de maneiras diferentes três oitavos de cada um dos Tangram.

19 O Tangram também pode ser utilizado para ilustrar o teorema de Pitágoras.

Destaque um dos triângulos grandes do Tangram. Ele será o triângulo que usaremos para ilustrar o teorema. Com as peças restantes, monte três trapézios retângulos semelhantes.

Disponha esses três trapézios sobre os lados do nosso triângulo grande. Note que o trapézio construído sobre a hipotenusa do nosso triângulo tem área igual à soma das áreas dos dois outros trapézios.

Desenhe agora a figura obtida e explique por que a partir dela ilustramos o teorema de Pitágoras.

20 Destaque do quadro um pentágono formado por dois quadrados (um branco e outro cinza), um paralelogramo e um triângulo. Esse pentágono é regular? Quais as medidas dos ângulos desse pentágono?

21 Quais as medidas dos lados do pentágono da atividade anterior, considerando o lado do quadrado branco do quadro igual a L?

22 Qual a área do pentágono da **Atividade 20**, considerando o triângulo branco do quadro como unidade de área?

23 Destaque do quadro um quadrado formado por dois quadrados (um branco e outro cinza), um paralelogramo e dois triângulos cinzas.

Recorte esse quadrado obtendo assim um quebra-cabeça formado por cinco peças. Agora monte, desenhando todas as possibilidades:

   a) com 2 peças um trapézio retângulo;
   b) com 4 peças um retângulo;
   c) com 4 peças um trapézio retângulo;
   d) com 5 peças um trapézio retângulo;
   e) com 3 peças um trapézio isósceles;
   f) com 5 peças um hexágono;
   g) com 5 peças um retângulo que não seja um quadrado.

24 Considerando o triângulo branco do quadro como unidade de área, determine a área de todos os polígonos construídos na atividade anterior.

GERALDO DE BARROS

Artista plástico, designer e fotógrafo, Geraldo de Barros nasceu em Xavantes, São Paulo, em 1923, e faleceu em 1998. Iniciou seus estudos em arte em 1945 e, em 1946, realizou pesquisas em fotografia e gravura. Em 1952, participou da fundação do Grupo Ruptura, ao lado de Waldemar Cordeiro, Luiz Sacilotto e Lothar Charoux. Esse grupo foi liderado por Waldemar Cordeiro, que dizia: "O movimento Ruptura é um salto qualitativo que reivindica a linguagem das artes plásticas, que se exprime com linhas e cores, que são linhas e cores e não desejam ser peras, nem homens".

A partir de 1954, Geraldo de Barros concentrou suas atividades no desenho industrial e nas artes gráficas. Foi um dos expoentes da vanguarda artística brasileira, tendo sido, além de um dos precursores da arte concreta, o pioneiro da fotografia moderna brasileira. Com ele a fotografia deixou de ser apenas uma forma de representação e tornou-se uma linguagem artística.

Iremos explorar agora obras de Geraldo de Barros, mas, antes, que tal você fazer uma pesquisa mais detalhada sobre a vida e a obra desse grande artista brasileiro?

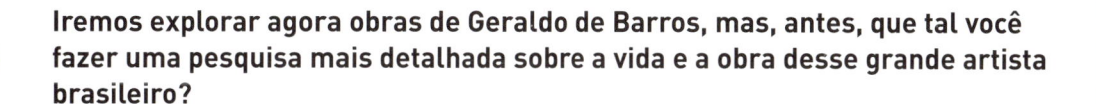

ATIVIDADES

1 Considerando as medidas reais do quadro *Função diagonal*, calcule o perímetro e a área da obra.

Função diagonal
Esmalte sobre Kelmite, 60×60 cm, 1952.

2. Destaque do quadro as seguintes figuras.

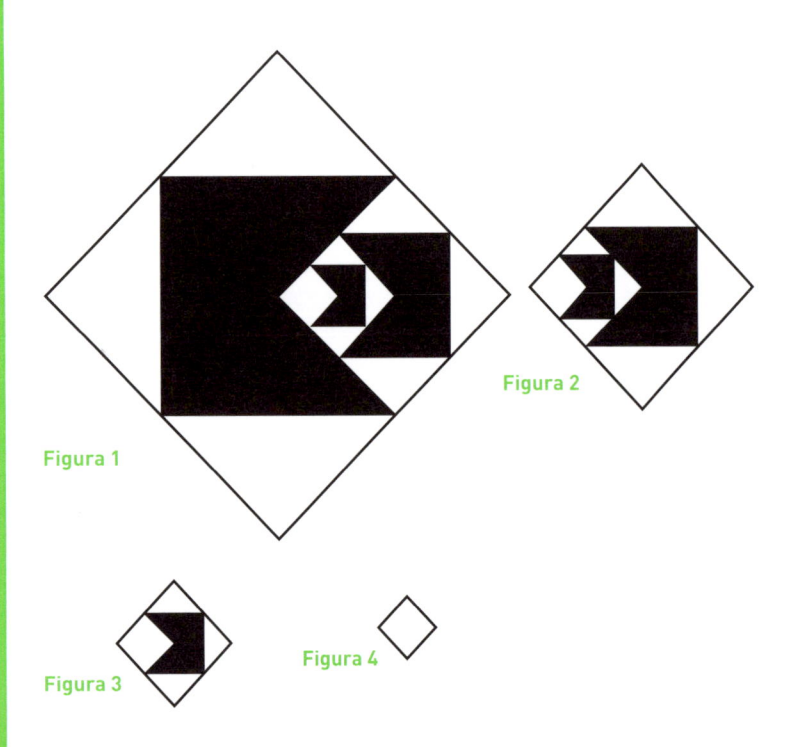

Figura 1

Figura 2

Figura 3

Figura 4

Qual a área, em cm², da **Figura 1**? Compare essa área com a área do quadro.

3 Qual a medida, em cm, de cada um dos lados da **Figura 1**? E qual o perímetro?

4 Qual a área, em cm², da **Figura 2**? Compare essa área com a área da **Figura 1**.

5 Qual a medida, em cm, de cada lado da **Figura 2**? E qual o perímetro?

6 Qual a área, em cm², da **Figura 3**? Compare essa área com a área da **Figura 2**.

7 Qual a medida, em cm, de cada lado da **Figura 3**? E qual o perímetro?

8 Qual a área, em cm², da **Figura 4**? Compare essa área com a área da **Figura 3**.

9 Qual a medida, em cm, de cada lado da **Figura 4**? E qual o perímetro?

10 Sabemos que os dois quadrados são sempre semelhantes. Determine a razão de semelhança entre o quadro e o quadrado (**Figura 4**).

11 Qual a razão de semelhança entre o quadro e o quadrado (**Figura 2**) que figura no quadro?

12 Qual a razão de semelhança entre o quadro e o quadrado (**Figura 3**) que figura no quadro?

13 Qual a área, em cm^2, de cada um dos triângulos pretos que figuram no quadro de Geraldo de Barros? E qual a medida de cada um de seus ângulos?

14 Os triângulos brancos que figuram no quadro são semelhantes? Justifique.

15 Determine a área, em cm^2, de cada um dos três triângulos brancos grandes que figuram no quadro.

16 Determine o perímetro, em cm, de cada um desses triângulos brancos.

17 Os pentágonos que aparecem no quadro são semelhantes? Justifique.

18 Determine a área do pentágono preto grande que aparece no quadro.

19 Reduza o quadro original utilizando a razão 4:1.

20 Observe uma outra obra de Geraldo de Barros*

Composição
Montagem em laminado plástico,
90×90 cm, 1983.

*N. de R. No original, as cores são:
cinza escuro = vermelho
cinza claro = rosa
preto = preto.

Considerando as medidas reais do quadro, calcule o perímetro e a área.

21 Identifique nesta obra figuras planas convexas e não convexas.

22 Classifique os triângulos que aparecem no quadro quanto à medida de seus ângulos.

23 O quadrado cinza escuro representa que fração do quadro?

24 Cada triângulo cinza claro representa que fração do quadro?

25 Que fração do quadro representa a parte cinza claro?

26 A figura em preto representa que fração do quadro?

27 Quais as medidas de cada um dos ângulos internos da figura em preto?

28 Qual o perímetro, em cm, de cada triângulo cinza claro?

29 Qual a área, em cm², de cada triângulo cinza claro?

30 Qual a área, em cm², do quadrado cinza escuro?

31 Qual o perímetro, em cm, da figura em preto?

32 Qual a área, em cm², da figura em preto?

33 Retire do quadro um triângulo cinza claro. A figura resultante representa que fração do quadro de Barros?

34 Retire do quadro o quadrado cinza escuro. A figura resultante representa que fração do quadro de Barros?

35 Retire do quadro de Barros a figura pintada em preto. A figura resultante representa que fração do quadrado?

36 Pesquise outras obras desse grande artista brasileiro. Depois, use a sua imaginação e criatividade para criar uma obra inspirada nas obras de Geraldo de Barros. Não esqueça de dar um título para sua obra.

4

ABRAHAM PALATNIK

Palatnik nasceu em Natal, Rio Grande do Norte, em 1928. Ainda menino foi morar em Israel, onde adquiriu conhecimentos de mecânica. Retornou ao Brasil com 20 anos, instalando-se no Rio de Janeiro. Por volta de 1949, iniciou estudos no campo da luz e do movimento, que resultaram no *Aparelho Cinecromático**, exposto em 1951 na 1ª Bienal Internacional de São Paulo. Com essa obra, Palatnik recebeu menção honrosa do júri internacional.

O rigor matemático é uma constante na obra de Palatnik, atuando como importante recurso de ordenação do espaço.

Ele diz: "Continuo apostando na intuição, embora meu trabalho sempre exija cálculos matemáticos".

Em 1962, Palatnik, artista inventor, criou o jogo de percepção *Quadrado perfeito*, que é baseado no deslocamento de peças sobre um tabuleiro. Aqui, o espectador não apenas admira a obra, ele interfere, participa na sua movimentação.

Em 1964, realizou seus *Objetos Cinéticos*, formas coloridas que se moviam por motores, eletroímãs e fios de metal.

Abraham Palatnik é considerado, em escala mundial, um dos pioneiros da arte cinética e também das interfaces entre a tecnologia e a arte no Brasil.

---

* Os cinecromáticos são aparelhos que produzem pinturas de luz em movimento, resultando em um efeito caleidoscópio.

Iremos explorar agora obras de Abraham Palatnik, mas, antes, que tal você fazer uma pesquisa mais detalhada sobre a vida e a obra desse grande artista?

ATIVIDADES

Observe duas obras de Palatnik criadas em 1986.

Sem título ▲
Articulação em metal e movimento por micromotor, 100×100 cm.

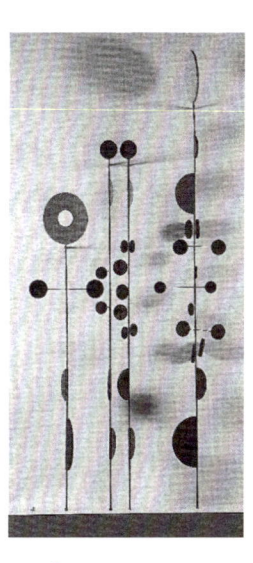

Cinético ▲
Madeira pintada, 110×50×18 cm.

1 Os objetos criados por Palatnik, quando acionados por motores, geram sólidos de revolução.

Na primeira obra vemos um retângulo que ao completar uma rotação completa em torno do eixo *e* que contém um de seus lados, gerará um cilindro de revolução.

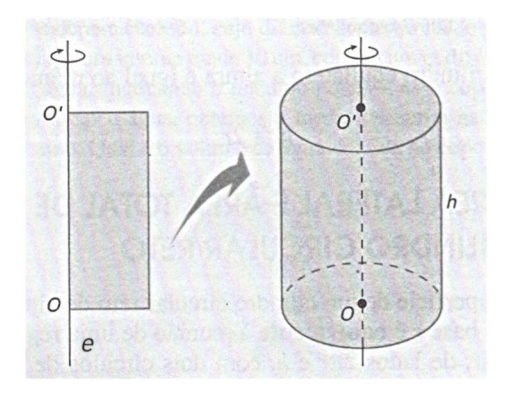

Se esse retângulo tiver a medida da altura *h* igual a 6 cm e a medida da base igual a 2 cm, responda:

a) Qual será o raio da base do cilindro obtido?
b) E qual será o diâmetro da base?
c) Qual será a medida da altura do cilindro?
d) Qual será o comprimento da circunferência de cada uma das bases?
e) Qual será a área de cada uma das bases do cilindro obtido?
f) Qual será o volume do cilindro?

2 Ao planificarmos a superfície lateral do cilindro gerado, obtemos um retângulo de altura igual à altura do cilindro e de base igual ao comprimento da circunferência de cada uma das bases desse cilindro. Sabendo disso, determine a área lateral e a área total do cilindro gerado pela rotação.

3 Que seção plana obteremos se cortarmos o cilindro da **Atividade 1** por um plano paralelo à base? E que seção plana obteremos se cortarmos o cilindro por um plano perpendicular à base que contenha o centro da base?

4 Se dobrarmos a altura e mantivermos a largura do retângulo da **Atividade 1**, qual será o volume do novo cilindro obtido após a rotação?

5 Agora, se dobrarmos a largura e mantivermos a altura do retângulo da **Atividade 1**, qual será o volume do novo cilindro obtido após a rotação?

6 E se dobrarmos a largura e a altura do retângulo da **Atividade 1**, qual será o volume do novo cilindro obtido após a rotação?

7 Um retângulo de base 4 cm gera, após rotação em torno de um eixo que contém a altura do retângulo, um cilindro de revolução cujo volume é igual a 96 cm³. Determine a altura desse retângulo, ou seja, a medida da altura do cilindro.

8 Determine a diferença entre as áreas totais de dois cilindros obtidos pela rotação de um retângulo de lados 7 e 4 cm: um em torno de seu lado maior e outro em torno de seu lado menor.

9 Calcule, em litros, o volume de um cilindro equilátero cujo raio de base mede 15 cm.

10 Qual será o volume do sólido gerado por rotação completa da figura hachurada em torno do eixo e?

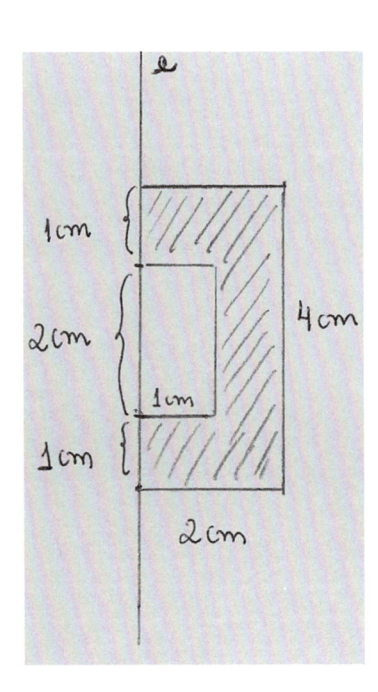

11 Nas obras de Palatnik vemos também um semicírculo que, ao completar uma rotação completa em torno do eixo *e* que contém o diâmetro, gerará uma esfera.

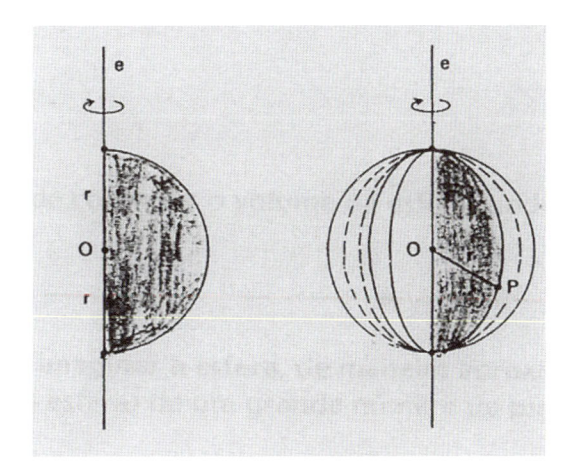

Se o raio do semicírculo mede 5 cm, qual será o raio da esfera obtida após rotação completa em torno do eixo *e* que contém o diâmetro?

12 Se a área desse semicírculo for igual a 8π cm², qual será o raio da esfera obtida após rotação completa em torno do eixo *e* que contém o diâmetro?

13 O volume de uma esfera A é a oitava parte do volume de uma esfera B. Determine o raio da esfera B sabendo que o raio da esfera A é igual a 5 cm.

14 Qual será o volume do sólido gerado por rotação completa da figura hachurada em torno do eixo *e*?

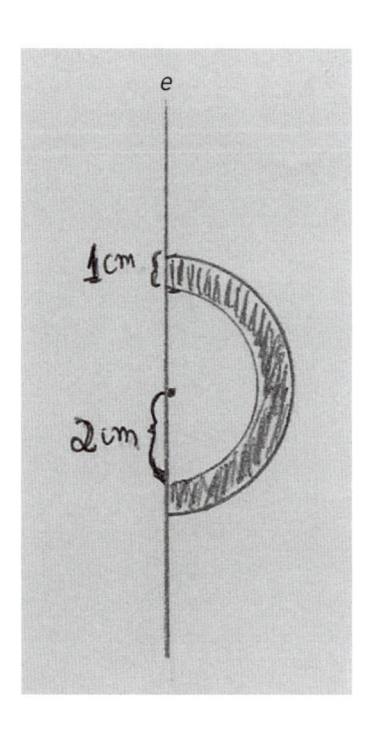

15 Observe que ao realizar uma rotação completa de um triângulo retângulo em torno do eixo *e*, que contém um de seus catetos, obteremos um cone de revolução.

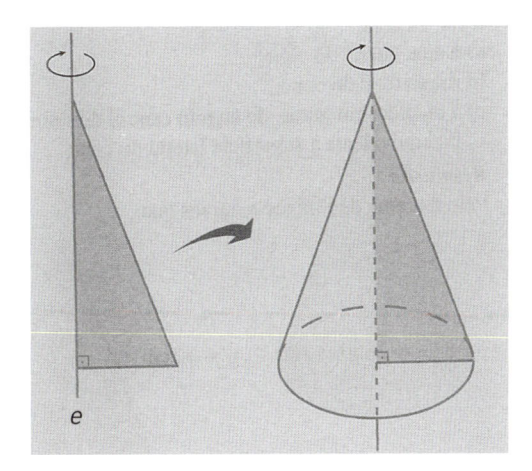

Se o triângulo retângulo tiver como medida da hipotenusa 10 cm e medida de um dos catetos 8 cm, qual será o raio da base do cone de revolução gerado pela rotação completa desse triângulo? E qual será a altura desse cone?

16 Que seção plana obteremos se cortarmos o cone da atividade anterior por um plano paralelo à base? E que seção plana obteremos se cortarmos o cone por um plano perpendicular à base que contenha o centro da base e o vértice do cone?

17 Determine a área total de um cone reto, sabendo que a sua geratriz mede 12 cm e sua área lateral 84π cm².

18 Qual sólido de revolução será gerado após uma rotação completa de um trapézio retângulo em torno do eixo *e* que contém o lado que é perpendicular às bases do trapézio?

19 Que tal você pesquisar na internet a obra *Composição*, do grande artista brasileiro, nascido em Niterói, Rio de Janeiro, Milton Dacosta (1915-1988)? Nessa obra, pintada em 1942, figuram os sólidos vistos anteriormente, o cone, o cilindro e a esfera, chamados de corpos redondos, além de alguns poliedros, dentre eles o cubo.

Descreva com suas palavras as características dos poliedros representados no quadro de Dacosta.

Depois, faça uma leitura dessa obra.

20 Pesquise sobre a arte cinética e sobre outros artistas que criaram obras cinéticas.

ALUÍSIO CARVÃO

5

O pintor, escultor, ilustrador, cenógrafo e professor Aluísio Carvão nasceu na cidade de Belém do Pará, em 1920. Aos 29 anos, transferiu-se para o Rio de Janeiro, passando a tomar aulas com Ivan Serpa (1923-1973), no Museu de Arte Moderna. Por volta de 1954, aderiu ao movimento Concretista. A partir de 1959, começou a deixar de lado as estruturas formais geométricas em favor de uma construção que se faz diretamente com a cor. Em 1960, seus trabalhos se modificaram, saindo do espaço bidimensional da tela para a tridimensionalidade em *Cubocor*, pequeno cubo de cimento uniformemente coberto por pigmento vermelho, considerado por alguns críticos como o ponto alto de sua pesquisa, sendo simultaneamente objeto e cor, elemento pictórico e espacial. Na década de 1980, sua obra integrou diversas retrospectivas sobre arte concreta e neoconcreta.

Aluísio Carvão morreu no ano de 2001, em Minas Gerais.

Iremos explorar agora duas obras de Aluísio Carvão, mas, antes, que tal você fazer uma pesquisa mais detalhada sobre a vida e a obra desse grande artista?

ATIVIDADES

1 A obra *Cubocor* é um cubo feito de cimento. Qual o volume desse cubo?

Cubocor
Pigmento e óleo sobre cimento, 16,5×16,5×16,5 cm, 1960.

2 Qual a área total, em m², desse cubo?

3 Quantos vértices, faces e arestas tem um cubo? Verifique se a soma do número de faces com o número de vértices de um cubo é igual ao número de arestas do cubo mais duas unidades. Será que essa relação sempre vale? Pesquise.

4 Qual a medida da diagonal de cada uma das faces desse cubo?

5 Qual a medida da diagonal desse cubo?

6 Se dobrarmos as medidas das arestas desse cubo, qual passará a ser a área de cada face do novo cubo? Qual a razão entre a área da face do cubo novo e a área da face do cubo da obra de Aluísio Carvão? Qual será a razão entre o volume desse novo cubo e o volume da obra original?

7 A obra *Cubocor* é um cubo feito de cimento. Que tal você construir um cubo de dobraduras? Pesquise na internet o passo a passo da dobradura do cubo. Você irá precisar de seis quadrados congruentes; cada um deles será uma das faces do seu cubo.

8 Crie uma construção com cinco cubos de mesma aresta. Agora desenhe as vistas frontal, lateral e superior dessa peça.

9 Observe outra obra de Aluísio Carvão.

Determine o perímetro e a área do quadro.

Nessa obra aparecem 10 triângulos inscritos em circunferências. Há no quadro cinco pares de triângulos congruentes. Você sabia que a circunferência é o lugar geométrico dos pontos do plano que gozam de uma mesma propriedade, isto é, todos os pontos da circunferência estão à mesma distância (equidistantes) de um ponto fixo chamado centro da circunferência? Essa distância constante é a medida do raio da cincunferência.

Sem Título ▶
Vinil sobre eucatex,
100x70 cm, 1957.

10 Destaque do quadro duas circunferências tangentes exteriores.

11 Se o lado de um triângulo equilátero mede $4\sqrt{3}$ cm, determine a medida do raio da circunferência circunscrita a esse triângulo e a medida do apótema do triângulo inscrito nela. Verifique se você pode determinar o raio da circunferência inscrita nesse triângulo equilátero.

12 Utilizando material de desenho geométrico, inscreva um quadrado em uma circunferência de raio 4 cm. Depois, calcule as medidas do lado e do apótema desse quadrado.

13 Utilizando material de desenho geométrico, inscreva um hexágono regular em uma circunferência de raio 5 cm. Depois, calcule as medidas do lado e do apótema desse hexágono.

14 Qual o perímetro e a área do hexágono do exercício anterior?

15 Utilizando material de desenho geométrico, inscreva um triângulo equilátero em uma circunferência de diâmetro 12 cm. Depois, calcule as medidas do lado e do apótema desse triângulo. Agora indique os vértices desse triângulo com as letras: A, B e C. Note que BAC é um ângulo inscrito na circunferência. Quanto mede esse ângulo?

16 Qual o comprimento da circunferência circunscrita ao triângulo do exercício anterior?

17 Qual a área desse círculo?

18 Qual a área do triângulo da **Atividade 15**?

19 Qual a medida do apótema de um triângulo equilátero inscrito em uma circunferência de raio 8 cm?

20 Determine a razão entre o apótema do quadrado e o apótema do hexágono regular inscritos em uma circunferência de raio r.

21 Você sabe o que é setor circular? E o que é um segmento circular? Pesquise. Como se calcula a área de um setor circular?

22 Determine a razão entre a área de um círculo de raio 3 cm e a área do triângulo equilátero inscrito em uma circunferência de raio 3 cm.

23 Crie uma obra utilizando diferentes polígonos inscritos em circunferências. Não esqueça de dar um título para sua obra. Crie duas atividades em matemática a partir da observação de sua obra.

24 Crie mais duas atividades a partir da observação do quadro de Aluísio Carvão.

6

NELSON LEIRNER

Nelson Leirner nasceu em São Paulo, em 1932, e atualmente vive e trabalha no Rio de Janeiro. É pintor, professor, desenhista e cenógrafo. Tornou-se um dos mais expressivos representantes do espírito vanguardista dos anos de 1960, tanto no Brasil quanto no mundo. Desde a infância, a arte moderna está muito presente em sua vida. Ele é filho da escultora Felícia Leirner e do empresário Isaí Leirner, que ajudaram a fundar o Museu de Arte Moderna de São Paulo – MAM/SP.

Em 1964, Leirner passou a trabalhar com elementos prontos, fabricados industrialmente. Seus trabalhos estão entre a escultura e o objeto.

Nelson Leirner tem por objetivo popularizar o objeto arte e introduzir a participação do público.

Iremos explorar agora obras de Nelson Leirner, mas, antes, que tal você fazer uma pesquisa mais detalhada sobre a vida e a obra desse grande artista? E que tal você visitar, ou se não for possível, navegar pela internet para conhecer um pouco mais sobre o MAM/SP e sobre o seu valioso acervo?

ATIVIDADES

1 Observe a obra:

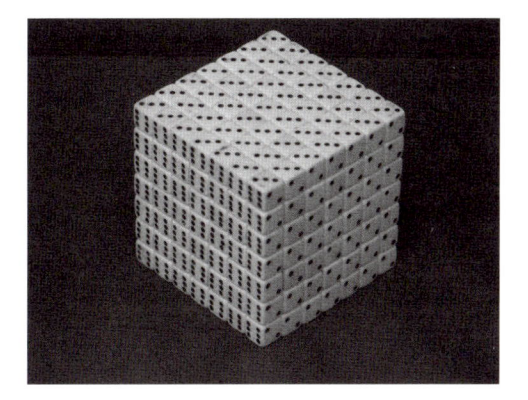

Cubo de dados
Plástico, 7×7×7 cm, 1970.

Qual o volume dessa obra em cm³?

2 Qual o volume da obra considerando um dado como unidade?

3 Qual a área de cada face da obra em cm²?

4 Qual a área total da obra em cm²?

5 Qual o volume de cada dado que compõe a obra em cm³?

6 Qual a área total de cada dado que compõe a obra em cm²?

7 Qual a área de cada face da obra considerando como unidade a face de cada dado?

8 Qual a área total da obra considerando como unidade a face de cada dado?

9 Determine a medida da diagonal de cada uma das faces da obra em cm.

10 Se triplicarmos cada uma das dimensões do dado que compõe a obra, qual será o novo volume da obra em cm³? E a área total em cm²?

11 Sabendo que em um dado qualquer a soma dos pontos de 2 faces opostas é igual a 7, determine a soma dos pontos da face da obra apoiada sobre a mesa. E qual é a soma dos pontos da face superior da obra?

12 Qual é a soma dos pontos de todas as faces da obra que estão opostas às faces que você vê?

13 Se eu retirar da obra um cubo de aresta 5 cm, qual será o volume da peça da qual o cubo foi retirado? Desenhe a peça obtida.

14 Desenhe um cubo em uma malha pontilhada. Depois, considerando as retas que contêm suas arestas, destaque um par de retas paralelas e um par de retas concorrentes. As retas concorrentes que você destacou são perpendiculares?

15 Pesquise e depois registre em papel quadriculado as 11 planificações que permitem a montagem de um cubo.

16 Determine a razão entre o volume da peça que se obtém retirando da obra um cubo de aresta 3 cm e o volume da obra original.

17 Se eu pintar de azul um sétimo do total de dados que compõe a obra de Nelson Leirner, que fração do total ficará sem ser pintada?

18 Quantos dados foram pintados de azul? E quantos dados ficaram sem pintar?

19 Que fração do quadro representa 98 dados?

20 Um outro artista que usou dados para construir uma de suas obras foi o escultor, desenhista, artista gráfico e cenógrafo Waltércio Caldas (1946), que, em 1973, criou a obra *Moto Perpétuo*. Pesquise em livros ou na internet essa obra e depois reproduza suas vistas lateral, frontal e superior, sem se preocupar com a escrita dos dados.

21 Observe outra obra de Leirner:

Cubo mágico ▶
Plástico, 17,5×17,5×17,5 cm, 1971.

Ela é composta por 27 cubos mágicos de plástico.

Você conhece o cubo mágico?

Ele é um quebra-cabeça tridimensional que foi inventado, em 1974, pelo húngaro Erno Rubik. Hoje o cubo de Rubik é considerado um dos brinquedos mais populares do mundo.

Observe que cada cubo mágico contém 27 cubinhos que vamos chamar de "cubos unitários". Quantos "cubos unitários" foram necessários para a confecção da obra?

Qual o volume da obra em cubos unitários?

22 Qual o volume dessa obra em cm³? E em m³?

23 Qual o volume da obra considerando como unidade o cubo mágico?

24 Qual a área de cada face da obra em cm²?

25 O cubo é um prisma? Justifique.

26 Retire dessa obra de Leirner três cubos mágicos. Agora desenhe a peça resultante e, utilizando como medida o cubo mágico, responda: qual é o volume dessa nova peça?

27 Use de toda a criatividade para elaborar a sua própria obra, tendo como tema o cubo. Não esqueça de nomeá-la. Construa duas atividades em matemática a partir da observação de sua obra.

28 Pesquise sobre outros artistas que utilizaram o cubo como inspiração para a criação de suas obras. Não deixe de conhecer o grande Franz Weissmann (1911-2005), ícone do movimento concretista brasileiro, a série de obras que fez utilizando o cubo e, em particular, sua belíssima obra *Cubo vazado*, criada em 1951.

Espero que você tenha gostado de descobrir matemática na arte.

Muitas outras aventuras e descobertas o esperam envolvendo essas duas áreas e os mais significativos pintores e escultores.

Então, até a próxima aventura!

Estela e Katia

REFERÊNCIAS

AMARAL, Aracy (org). *Arte Construtiva no Brasil – Coleção Adolpho Leirner.* São Paulo: DBA/ Melhoramentos, 1998.

BARBOSA, Ana Mae. *A imagem no ensino da arte.* São Paulo: Perspectiva, 2004.

_____ *O Olhar em Construção: uma experiência de ensino e aprendizagem de arte na escola.* 3.ed. São Paulo: Cortez, 1998.

BRASIL. *Parâmetros Curriculares Nacionais – Arte.* Brasília: MEC, 1996.

BRASIL. *Parâmetros Curriculares Nacionais – Matemática.* Brasília: MEC, 1996.

BRITO, Ronaldo. *Neoconcretismo: vértice e ruptura do projeto construtivo brasileiro.* Rio de Janeiro: Funarte, Instituto Nacional de Artes Plásticas, 1985.

CITRÃO, Rejane; NASCIMENTO, Ana Paula. *Grupo Ruptura.* São Paulo: Cosac & Naify, Centro Universitário Maria Antônia da USP, 2002.

FAINGUELERNT, Estela K.; NUNES, Katia R.A. *Fazendo arte com a matemática.* Porto Alegre: Artmed, 2006.

FAINGUELERNT, Estela K.; NUNES, Katia R.A. *Tecendo matemática com arte.* Porto Alegre: Artmed, 2009.

FREIRE, Paulo. *Medo e ousadia: o cotidiano do professor*. Rio de Janeiro: Paz e Terra, 1986.

GONÇALVES, Lisbeth R. (org.). *Tendências Construtivas no acervo do MAC – USP: construção, medida e proporção*. Rio de Janeiro: CCBB, 1996.

GULLAR, Ferreira. *Etapas da arte contemporânea: do Cubismo à arte Neoconcreta*. Rio de Janeiro: Revan, 1998.

HERKENHOFF, Paulo. *Arte Brasileira na Coleção Fadel: da inquietação do moderno à autonomia da linguagem*. Rio de Janeiro: Andréa Jakobsson Estúdio, 2002.

HERNÁNDES, F. *Cultura visual, mudança educativa e projeto de trabalho*. Porto Alegre: Artmed, 2000.

HOLZHEY, Magdalena. Vasarely. Taschem, 2005.

IAVELBERG, Rosa. *Para gostar de aprender arte: sala de aula e formação de professores*. Porto Alegre: Artmed, 2003.

JIMÉNEZ, Ariel. *Paralelos: arte brasileira da segunda metade do século XX em contexto*. Venezuela: Fundación Cisneros, 2002.

KALEFF, Ana et al. *Quebra-cabeças geométricos e formas planas*. Rio de Janeiro: EDUFF, 1996.

KOLLER, M. C. *M. C. Escher: gravura e desenhos*. (trad. Maria Odete Gonçalves) Taschen, 1994.

MAMMI, Lorenzo. *Volpi*. São Paulo: Cosac & Naify, 1999.

MARTINS, Miriam C. et al. *Didática do ensino da arte – a língua do mundo: poetizar, fruir e conhecer arte.* São Paulo: FTD, 1998.

MORAIS, Frederico. *Retrospectiva Abraham Palatinik: a trajetória de um artista inventor.* São Paulo: Itaú Cultural, 1999.

OSTROWER, Fayga. *Universos da arte.* Rio de Janeiro: Elsevier, 2004.

_____*Criatividade e processos de criação.* 16ª ed. Petrópolis: Vozes, 2002.

ROSA, Nereide S. S. *Alfredo Volpi.* São Paulo: Moderna, 2000.

SOUZA, E.R. et al. *A matemática das sete peças do tangram.* São Paulo: CAEM/IME-USP, 1995.

SITES

www.itaucultural.org.br
www.sacilotto.com.br
www.mac.usp.br.
www.fw.art.br
www.walterciocaldas.com.br
www.nelsonleirner.com.br
www.vasarely.com.br
www.amilcardecastro.com.br
www.mcescher.com.br